特色农产品质量安全管控"一品一策"丛书

黄桃全产业链质量安全风险管控手册

戴　芬　姜　遥　主编

中国农业出版社
北　京

编 写 人 员

主　　编　戴　芬　姜　遥

副 主 编　徐　丹　赵学平　应　霄

编写人员（按姓氏笔画排序）

计艺峰　朱作艺　刘银兰　江云珠　李　真

李　潇　应　霄　张国政　陆冰怡　赵学平

胡心意　姜　遥　姜轶昕　姚佳蓉　钱江月

徐　丹　徐　静　徐冬毅　徐陈皓　谢董妍

戴　芬

专家团队　王　强　张慧琴

插　　图　杭州出尘文化传媒有限公司

前　言

　　黄桃，兼鲜食和加工于一体的生鲜产品，7—9月是其集中上市的时期。目前，全国各地均有种植，品种繁多，较知名的黄桃有嘉善黄桃、炎陵黄桃、武台黄桃、砀山黄桃、潼南黄桃、大连黄桃和上海光明黄桃等。鲜食黄桃以其外观鲜艳、果肉橙黄、营养丰富、香气浓郁、甜多酸少、较耐贮运等特点，深受消费者的喜爱。鉴于黄桃的重要价值，近年来黄桃种植面积逐渐扩大，已经成为农民增收致富的重要渠道。然而，在黄桃栽培过程中病虫害日趋严重，影响较大的病虫害主要有桃蛀螟、蚜虫、梨小食心虫、红颈天牛、流胶病、桃缩叶病和疮痂病等，加上桃农超范围、超剂量使用农药防治，使得黄桃生产存在潜在的质量安全隐患。黄桃仍以露地栽培为主，自然灾害抵御能力依然不强，如遇低温、暴雨或台风等情况，将严重影响黄桃的产量和品质。另外，桃园规划布局不合理，采后包装贮运技术不足，产品等级不明，果品质量不稳定等现象依然严重，制约着黄桃产业高质量发展。

2020 年以来，浙江省农业农村厅、浙江省财政厅联合开展了农业标准化生产示范创建（"一县一品一策"）行动。项目组根据前期调研试验、风险评估以及标准化生产经验，按照"绿色化、优质化、特色化、品牌化"四大要求，编写了《黄桃全产业链质量安全风险管控手册》一书。本书采取图文并茂的方式，从产地建园到贮运销售对全过程的生产要点及风险管控技术做了全面介绍，力求内容科学先进、简单易懂、富有科普趣味。本书可作为广大黄桃生产经营主体、相关科技研究与推广人员、农产品质量安全监管人员等的参考用书。

在本书编写过程中，参考了同行专家的研究成果，在此一并表示衷心感谢。

由于编者知识水平有限，书中难免存在纰漏与不足，敬请各位同行专家和读者不吝赐教。

编　者

2023 年 1 月 28 日

目　　录

前言

一、黄桃概况 …………………………………………… 1

二、黄桃品种 …………………………………………… 2

　（一）鲜食黄桃常见品种 …………………………… 2

　（二）加工黄桃常见品种 …………………………… 6

　（三）黄桃的营养价值 ……………………………… 8

三、黄桃生产过程 ……………………………………… 10

四、黄桃质量安全潜在风险隐患 ……………………… 11

　（一）农药残留 ……………………………………… 11

　（二）重金属污染 …………………………………… 12

　（三）微生物污染 …………………………………… 13

五、关键控制点及质量安全管控措施 ………………… 14

（一）建园技术 …………………………………… 14

（二）栽培管理 …………………………………… 17

（三）绿色防控 …………………………………… 23

（四）化学防治 …………………………………… 35

（五）设施栽培 …………………………………… 40

（六）采收包装 …………………………………… 41

（七）贮藏运输 …………………………………… 45

（八）浙江中晚熟黄桃物候期 …………………… 48

六、生产记录 ………………………………………… 50

七、产品检测 ………………………………………… 54

（一）检测报告 …………………………………… 54

（二）食用农产品合格证 ………………………… 55

八、产品追溯 ………………………………………… 57

九、产品认证 ………………………………………… 58

（一）绿色食品 …………………………………… 58

（二）农产品地理标志 …………………………… 63

（三）有机食品 …………………………………… 65

（四）良好农业规范（GAP） …………………… 66

十、投入品管理 ………………………………………… 67

　　（一）农资采购 ………………………………… 67

　　（二）农资存放 ………………………………… 70

　　（三）农资使用 ………………………………… 71

十一、员工管理 ………………………………………… 72

附录 …………………………………………………… 74

　　附录1　农药基本知识 ………………………… 74

　　附录2　黄桃上禁止使用的农药清单 ………… 80

　　附录3　我国黄桃农药最大残留限量 ………… 81

参考文献 ………………………………………………… 92

一、黄桃概况

　　黄桃，又称黄肉桃，属于蔷薇科桃属。黄桃营养丰富，含有多种微量元素及膳食纤维，堪称保健水果、养生之桃。黄桃是浙江特色经济作物，以其果形大、品质优、产量佳、抗病性强等特点，在市场上深受欢迎，目前在实现农业增效、农民增收和乡村变美中发挥了十分重要的作用。根据《浙江统计年鉴（2020 年）》统计结果，2019 年全省桃园面积 3.12 万 hm^2、产量 47.75 万 t、产值 14.8 亿元，上市期 5—8 月。浙江作为全国鲜食黄桃主产区之一，黄桃种植面积占全省桃园总面积的 1/3，约为 1.04 万 hm^2，产量 15.9 万 t。常见鲜食黄桃品种有锦绣、锦园、锦香、黄金蜜系列等，以露天栽培为主，极少量为设施栽培。全省主产区在嘉兴市和湖州市，金华市、嵊州市、奉化市等地也均有种植，以嘉善黄桃为代表。

二、黄桃品种

（一）鲜食黄桃常见品种

1. 锦绣

锦绣黄桃（*Prunus persica* L.）是由上海市农业科学院以白花和云署 1 号杂交育成的鲜食和加工兼用的晚熟黄肉桃品种。果实近椭圆形，果形指数 0.89，平均单果重 350 g 左右，最大 700 g，可溶性固形物含量为 13% ~ 15%。核小，可食率 94.7%。成熟后肉质较软，甜多酸

少，有香气。不套袋果表皮有晒红，果肉呈黄色，果核附近淡红色。8 月上旬成熟，耐贮性好，肉厚，较坚实，对长途运输较为有利。

2. 锦园

锦园是由上海市农业科学院林木果树研究所以锦绣为母本，

75-1-3为父本杂交育成的中晚熟鲜食黄桃新品种。该品种果实生育期为125 d，平均单果重206 g。果实近圆，较对称，果顶圆平，缝合线较明显；果皮黄色，不套袋时着红色程度约25%，套袋后果表金黄色；果皮薄，易剥离；果肉黄色，果肉着红色程度少，汁液多，肉质松软到致密。可溶性固形物含量为12.2%~14.5%，甜味浓，黏核，鲜食品质上。

3. 锦香

锦香黄桃是由上海市农业科学院林木果树研究所于20世纪70年代以北农2号为母本，60-24-7为父本杂交选育的大果型鲜食加工兼用型早熟黄桃新品种。果实近圆形，整齐，果顶圆平，两半匀称，

缝合线不明显。果面底色金黄，阳面色彩深红，果肉黄色，近核无红色，硬溶质，风味甜，微酸，香气浓。黏核，核椭圆形，色泽浅棕，核面粗糙。

4. 黄金蜜桃 1 号

黄金蜜桃 1 号是从 92 – 3 – 32 和中油桃 4 号杂交后代中选育出的早熟黄桃新品种。果实圆形，果顶圆平，果基端正；缝合线浅，两半部较对称，成熟度较一致。果个中大，平均单果重 182 g，大果 200 g 以上。果实表面茸毛中

等，底色黄，成熟时多数果面着深红色。果肉黄色，溶质，肉质细，汁液中多，风味甜，近核处有红色素。可溶性固形物含量为 11.4% ~ 12.8%，总糖 10.4%，总酸 0.27%，品质优。黏核。

5. 黄金蜜 4 号

黄金蜜桃 4 号是以黄金蜜桃 3 号为母本，中桃 5 号为父本杂交选育的晚熟黄肉鲜食新品种。果实近圆形，缝合线广而浅，两

侧略不对称，果顶圆平。平均单果重 246～352 g。果皮底色黄，成熟后多数果面着深红色；套袋后呈金黄底色，果肉硬溶质，近核处多花色苷，味甜，可溶性固形物含量为 14.1%～16.8% 。黏核。

（二）加工黄桃常见品种

1. 黄露

由大连农业科学研究院育成，为著名制罐品种。单果重 170 g。果椭圆形，果顶圆平，果皮和肉皆橙黄，质细而致密，不溶质，黏核，味酸淡甜，耐贮运，加工性状好。

2. 金童 5 号（代号 NJC83）

原产于美国新泽西州。中熟种，单果重 158.3 g。果近圆形，果顶圆或有小突尖。果皮黄，果肉橙黄，不溶质，细韧，汁液中，纤维少，味酸甜，有香气，黏核。丰产性好。罐藏加工吨耗 1∶0.87，果皮下和近核处均无红晕，最宜加工出口罐头。

3. 罐 5

由日本育成，为著名制罐老品种。中熟种，单果重 107 g。果圆，较对称，果顶微凹或平。皮色金黄，向阳面红晕较多，皮不易剥离。果肉橙黄，质细，韧性强，汁液少，不溶质，味酸甜，黏核。

（三）黄桃的营养价值

黄桃食时软中带硬，甜多酸少，有香气、水分中等，糖度14%~15% 。因其拥有独特的口感和丰富的抗氧化物质，广受消费者喜爱。黄桃具有很高的营养价值，除和其他品种桃一样含有丰富的维生素C、果胶、钙、铁、硒及锌等营养物质外，还含有胡萝卜素、番茄红素、番茄黄素等。每100 g黄桃肉中含有糖类14 g，比普通桃高4 g。另外，黄桃中胡萝卜素含量也比普通桃高，几乎是普通桃的2倍。食用黄桃具有一定的养阴补虚、生津止渴、活血化瘀、通便平喘等作用。

三、黄桃生产过程

花果管理 果实管理 土肥水管理 病虫综合防治

整形修剪

果实采收

建园定植

分类包装上市

品种选择

贮运销售

四、黄桃质量安全潜在风险隐患

（一）农药残留

主要原因：一是违规及超范围、超剂量等使用农药；二是部分农药存在添加隐性成分现象，从而可能造成多种农药残留检出，形成产品质量安全风险隐患。

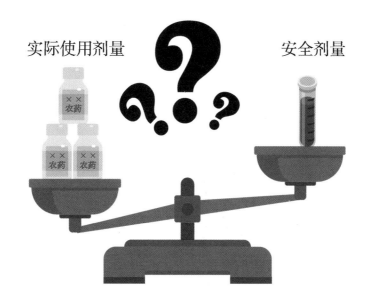

（二）重金属污染

铅等重金属可能通过土壤、空气、农药、肥料等途径进入黄桃中，主要富集于果皮，造成重金属的污染和累积。

（三）微生物污染

　　黄桃属呼吸跃变型果实，采收时正值高温高湿季节，极易发生失水、褐变、腐烂等现象，影响采后贮藏保鲜和果实品质。采收和贮运时的机械损伤，会使果实产生瘀伤和开裂；贮藏条件不当会引起黄桃发生冷害、冻害及高温损伤等，贮藏期缩短；葡枝根霉（*Rhizopus stolonifer*）、美澳型核果链核盘菌（*Monilinia fructicola*）、扩展青霉（*Penicillium expansum*）等微生物引发的褐腐病、灰霉病及软腐病，会加快果实的腐烂。

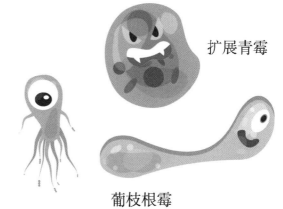

扩展青霉

美澳型核果链核盘菌

葡枝根霉

五、关键控制点及质量安全管控措施

（一）建园技术

1. 地块选择

选择生态环境良好、无污染的地区，远离工矿区和公路、铁路干线，避开污染源，同时地势平坦、光照充足、土壤肥沃、排灌方便的田块建园。

种植前需对生产基地的灌溉水水质和土壤环境质量进行全面检测，保障产地环境符合国家标准或行业标准的要求。黄桃适宜种植在土壤有机质含量 1.5% 以上，pH 6.0～7.5，并有一定量的速效氮、速效磷、速效钾营养元素及黄桃所需要的多种微量元素。

有机质含量1.5%以上，pH 6.0～7.5，含有速效氮、速效磷、速效钾及多种微量元素

2. 品种选择

应选择抗病抗逆、优质丰产、商品性好且符合市场需求的黄桃品种，如锦绣、锦园等。

3. 苗木质量

应符合《桃苗木》（GB 19175—2010）的规定。品种与砧木纯度在95%以上，无检疫性病虫害。成品苗接合部愈合良好，根系发达、健壮（表1）。

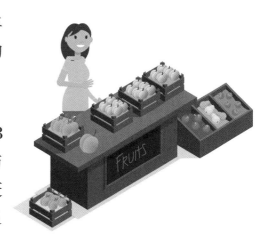

表1　苗木质量

成品苗分类	侧根数量（个）	侧根粗度（cm）	侧根长度	砧段长度（cm）	砧段粗度（cm）	其他
半成品苗	≥5	≥0.5	≥20 cm，侧根分布均匀，舒展而不卷曲	10～15	≥1.2	嫁接芽饱满、不萌发、愈合良好、芽眼露出
一年生成品苗	≥5	≥0.5	≥15 cm，侧根分布均匀，舒展而不卷曲	10～15	—	苗木高≥90 cm，苗木粗度≥1.0 cm，茎倾斜度≤15°，饱满叶芽数≥8个

（续）

成品苗分类	侧根数量（个）	侧根粗度（cm）	侧根长度	砧段长度（cm）	砧段粗度（cm）	其他
二年生成品苗	≥5	≥0.5	≥15 cm，侧根分布均匀，舒展而不卷曲	10～15	—	苗木高≥100 cm，苗木粗度≥1.5 cm，茎倾斜度≤15°，饱满叶芽数≥10 个

4. 高畦宽沟

条沟深 0.4 m、宽 0.4 m；腰沟深 0.6～0.8 m、宽 0.6～0.8 m；围沟深 1.0～1.2 m、宽 1.2～1.5 m。畦面宽 4.6 m，做成龟背形；畦面长根据田块而定，以南北走向为宜。

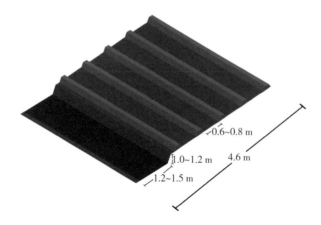

（二）栽培管理

1. 合理定植

采取矮化稀植方式，于落叶后萌芽前进行定植。行株距为
5.0 m×3.5 m，每亩*平均栽植40株。

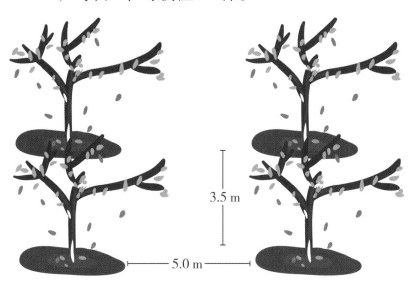

---

* 亩为非法定计量单位，1亩 = 1/15 hm^2。——编者注

2. 整形修剪

采用矮化果树，树体结构采用自然开心形，即培养好一个主干、三大主枝，关键是培养好 6 个副主枝和分布合理的结果枝组。

依据幼龄期（1～3 年生树）、结果初期（4～5 年生树）、盛果期（6～10 年生树）等不同树龄、树势的情况进行整形修剪。冬季修剪在落叶后至萌芽前的休眠期，主要是剪除枯枝、病虫枝、过密枝和一些徒长枝。夏季修剪在萌芽后至落叶前的生长期，主要是对主枝、副主枝、辅养枝和结果枝组等进行理枝修剪，做到主、侧枝明显且分布合理，结果枝组分布均匀。

3. 多次疏果

宜采取 2 次疏果方式，第 1 次于 4 月底前后，疏去小果、僵果、畸形果、背上果、病虫果和伤果。第 2 次于第 2 次生理落果后 5 月下旬，根据树势、树干大小确定留果量，先疏去小果、背上果、病虫果和伤果，然后在一个结果枝上疏除基部的果，留中上部的果。留果量：短果枝留 1 个果，中果枝留 1~2 个果，长果枝留 2~3 个果。

4. 科学施肥

肥料种类应符合国家标准或行业标准要求，选择环境友好型、使用安全、优质绿色的肥料，如有机肥料、微生物肥料、有机–无机复合肥料等。

按照浙江省农业投入化肥定额制度，桃树年化肥（折纯）施用总量

浙江省农业投入化肥定额制度
年化肥（折纯）施用总量≤40 kg
氮肥（折纯）施用量≤16 kg

≤40 kg，氮肥（折纯）施用量≤16 kg。提倡以有机肥为主，实施测土配方施肥，以及采用水肥一体化的节水节能设施。

5. 土壤管理

土壤深翻：9 月下旬至 10 月，结合施有机肥，在树干两侧隔年轮换，逐年深翻。土壤 pH 小于 6.0 的园地，每亩施生石灰 50～100 kg进行土壤改良。

中耕除草：结合除草，从根颈部外围开始，由内向外，由浅入深，中耕深度 10～20 cm，翻耕后畦面做成龟背形，以利于排水。

间作：在幼龄期和成年期的桃园冬季进行间作，以豆科类等绿肥作物为主。未实施间作的园地可计划留草，可种植三叶草、鼠茅草、紫云英等。

（三）绿色防控

1. 农业防治措施

（1）避免与黄桃有相同病虫害的果树，如梨树、李树等果树混栽。

梨树　　　　　　　　桃树　　　　　　　　李树

（2）生长期适时修剪，合理负载，健壮树势，保持桃园通风透光。

（3）冬季清园，及时清除病虫枝、叶、果和枯枝、落叶、烂果，减少病虫源，并带出果园集中处理。

（4）立冬前后树体主干刷白。

2. 物理防治措施

（1）适时套袋。6月上旬疏果完成后及时套袋。采用黄桃专用纸袋逐一套袋。套袋顺序为先早熟后晚熟、先上后下、先内后外。

（2）人工捕杀。对危害中心明显、虫口密度大、有假死性和个体较大的害虫，根据害虫的栖息位置和生活习性采用人工或简单器械进行捕杀。

（3）色板诱杀。在距离地面 1.5 m 左右的树枝上悬挂黄板，诱杀蚜虫、潜叶蛾等害虫，定期及时更换并集中回收废板。

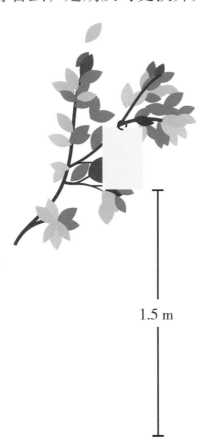

1.5 m

（4）杀虫灯。放置频振式杀虫灯，诱杀桃蛀螟、食心虫、蛾类、金龟子等害虫；宜连片统一，每 2 hm² 1 盏，高度离地 2.5 m 左右，且高于树冠顶部 0.2 m 以上。

2.5 m

3. 生物防治措施

（1）可适当种植油菜等蜜源性作物，保护和利用捕食性天敌等，用有益生物控制有害生物。

（2）在果园四角或四边栽植引诱植物，如向日葵等，诱集成虫在花盘上产卵，减少对果树的危害。

（3）悬挂糖醋液（糖：醋：酒：水＝2：6：1：20），悬挂高度1.2 m左右，诱杀梨小食心虫、金龟子和蛾类等害虫。

糖醋液

（4）可使用梨小食心虫、桃小食心虫、桃蛀螟等诱芯和诱捕器，悬挂高度1.5 m左右，每亩放置3~5个为宜。

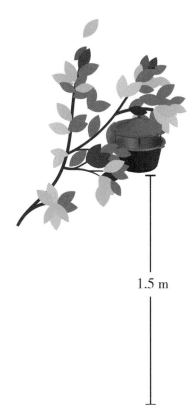

1.5 m

（5）可使用梨小食心虫信息素迷向丝，每株1根，悬挂于树冠中上部外围枝条，干扰害虫交配。

（四）化学防治

选对药：把握好病虫害发生情况，对症用药。

合理用：合理选择低毒、低残留的农药品种，参照黄桃主要病虫害防治用药清单（表2）要求科学安全使用农药。禁止使用国家明令禁止的农药。

间隔期：严格控制农药的安全间隔期、施药量和施药次数。

表2　黄桃主要病虫害防治用药清单

防治对象	农药通用名	浓度及剂型	制剂用药量	使用方法	每年使用最多次数（次）	安全间隔期（d）
越冬期病虫源	石硫合剂	45%晶体	20～30倍液	萌芽前1周内喷雾	1～2	—
流胶病	多黏类芽孢杆菌	50亿CFU/g可湿性粉剂	1 000～1 500倍液	在萌芽期、初花期、果实膨大期进行灌根加涂抹病斑处理	3	—
细菌性穿孔病	戊唑·噻唑锌	40%悬浮剂	800～1 200倍液	病害发生初期喷雾	3	14
细菌性穿孔病	噻唑锌	40%悬浮剂	600～1 000倍液	病害发生初期喷雾	3	21
细菌性穿孔病	春雷·喹啉铜	45%悬浮剂	2 000～3 000倍液	病害发生前或发生初期喷雾	3	14
褐斑穿孔病	硫黄	80%水分散粒剂	500～1 000倍液	病害发生前或发生初期喷雾	4	—
褐斑穿孔病	春雷霉素	20%水分散粒剂	2 000～3 000倍液	病害发生初期喷雾	3	10
褐斑穿孔病	苯甲·嘧菌酯	60%水分散粒剂	1 500～2 000倍液	病害发生前或发生初期喷雾	3	14
褐斑穿孔病	唑醚·代森联	325 g/L悬浮剂	1 000～2 000倍液	病害发生前或发生初期喷雾	3	28

（续）

防治对象	农药通用名	浓度及剂型	制剂用药量	使用方法	每年使用最多次数（次）	安全间隔期（d）
褐腐病	腈苯唑	24%悬浮剂	2 500～3 200倍液	桃谢花后和采收前30～45 d喷雾	3	14
	小檗碱盐酸盐	10%可湿性粉剂	800～1 000倍液	病害发生前或发生初期喷雾	—	—
	唑醚·啶酰菌	38%水分散粒剂	1 500～2 000倍液	病害发生前或发生初期喷雾	3	28
蚜虫	氟啶虫胺腈	22%悬浮剂	5 000～10 000倍液	虫害发生始盛期对叶片均匀喷雾	2	7
	氟啶虫酰胺	20%悬浮剂	3 000～5 000倍液	花前、花后和新梢迅速生长初期喷雾	1	21
	金龟子绿僵菌CQMa421	80亿个/mL可分散油悬浮剂	1 000～2 000倍液	蚜虫卵孵化盛期或低龄幼虫期喷雾，2次稀释	—	—
	噻虫·吡蚜酮	35%水分散粒剂	3 500～4 500倍液	蚜虫卵孵化盛期和低龄若虫初期均匀喷雾	3	10
	苦参碱	0.5%水剂	1 000～2 000倍液	蚜虫若蚜盛发初期均匀喷雾	1	7
	吡蚜·螺虫酯	75%水分散粒剂	4 000～6 000倍液	桃谢花后1～3 d，嫩叶初展期喷雾	1	90

（续）

防治对象	农药通用名	浓度及剂型	制剂用药量	使用方法	每年使用最多次数（次）	安全间隔期（d）
尺蠖、食心虫、桃蛀螟	苏云金杆菌	8 000 IU/μL 悬浮剂	200 倍液	在害虫卵孵盛期到低龄幼虫期喷雾	—	—
梨小食心虫	梨小性迷向素	5% 饵剂	80～100 g/亩	在春季桃树露红期（越冬代成虫羽化前）投饵使用	1	—
	苏云金杆菌	32 000 IU/mg 可湿性粉剂	200～400 倍液	在害虫卵孵盛期到低龄幼虫盛发期对作物叶片均匀喷雾	—	—
天牛	高效氯氰菊酯	3% 微囊悬浮剂	600～1 000 倍液	在成虫羽化期于树干、大枝和树冠层等害虫出没处喷雾	1	14

（五）设施栽培

为抵御台风、低温、暴雨等自然灾害，可在平地或缓坡地适宜位置搭建大棚设施，有条件的可进行连栋钢架大棚避雨栽培。

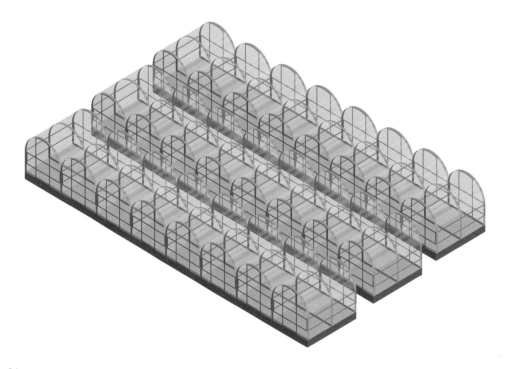

（六）采收包装

1. 适时采收

根据成熟度分批分次采收。用于鲜食和就近销售的黄桃，果实达到九成熟及以上采收；需要短中途运输销售的黄桃，果实达到八成熟即可采收。具体可根据品种、用途和销售距离确定。

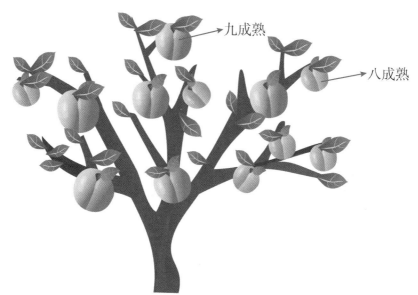

2. 采收要求

（1）容器要求。应配备采收专用的容器，底部平整、洁净、无污染，重复使用的采收工具应定期进行清洗、维护。

（2）人员要求。采摘人员宜穿工作服，戴采摘用手套、口罩和头帽，剪平指甲。有感冒、腹泻、呕吐等症状的人员不能参与黄桃采收作业。

（3）采收时间。宜在晴天早晚或阴天雨后，露水未干的早晨及中午太阳直射高温时不宜采摘。

3. 采收作业

一手抓住树枝，另一手握住果实，轻摘轻放，将采下的果实逐个放入垫有软物的果筐内。果筐不宜过大，堆放不宜过高，最多不超过 10 kg，以免压伤果实。

4. 分级包装

采收后及时预冷，并进行黄桃分选。采用水果分级机按果实大小统一进行分选，再人工拆掉纸套袋进行次果剔除，然后根据黄桃的大小、果形、色泽、机械伤等指标对果实进行分级。

包装材料应无毒、无害、清洁。单果包装材料和垫层材料还需柔软、有一定的透气性。外包装材料还要求牢固、美观、干燥、无尖突物。分选后对黄桃进行网袋包装，在销售过程中以纸盒包装为主。

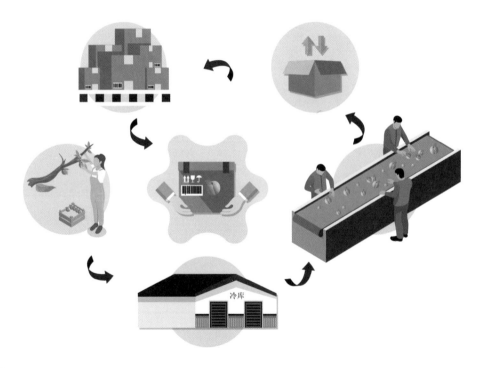

（七）贮藏运输

1. 入库准备

贮藏前库房应打扫干净，用具洗净晒干。在入库前 1 周应进行灭菌处理，在入库前 24 h 敞开门，通风换气，入库前应进行温、湿度调试。

用于贮藏果实的塑料箱，其内壁必须平整，箱底衬垫软物，并在箱内衬上保鲜膜，装满后覆好保鲜膜。

2. 贮藏方式

不同级别、不同时间入库的黄桃，应进行分库或分堆标码贮藏。每次入库的果品不宜过多，以总贮藏量的 10%~15% 为宜，待库温稳定后再进行入库。

果箱在库房内呈"品"字堆放，离地贮藏。

库温稳定在 0~1 ℃，库内空气相对湿度 90%~95%。

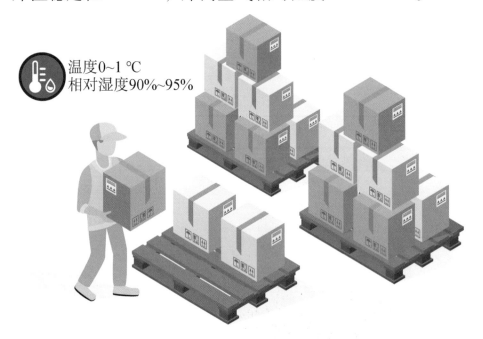

温度0~1 ℃
相对湿度90%~95%

3. 果实运输

黄桃一般采用顺丰生鲜快件运输和同城配送。运输过程中应防止混入有毒、有害物质。装箱时不宜过满，其上方保留 5 cm 的空间；果箱不宜过大，每箱容量以 10 ~ 15 kg 为宜。

（八）浙江中晚熟黄桃物候期

休眠期
冬季修剪
石硫合剂
清园整理

12月上旬至翌年2月中旬

萌芽开花期
矫治缺硼症
中耕除草
施肥管理

2月下旬至4月中旬

果实膨大期
适宜修剪
合理追肥
果实套袋

6月上旬至8月中旬

谢花坐果期
及时修剪
疏花疏果

4月下旬至5月下旬

成熟采收期
分批采收
分级包装
贮藏保鲜

8月中旬至9月上旬

落叶期
深翻土地
厚施基肥

10月中旬至11月下旬

采后生长期
适宜修剪
留草栽培

9月中旬至10月中旬

六、生产记录

应如实记载黄桃生产基地信息、生产资料采购信息、农事操作、农药使用、肥料使用、质量检测、销售等情况，且保存期限不得少于 2 年。具体生产记录的格式及内容见表 3 至表 9。

表 3　黄桃生产基地信息记录

基地名称：＿＿＿＿＿＿＿＿＿＿＿＿＿＿＿＿＿＿　建园时间：＿＿＿年＿＿月＿＿日

园地负责人：＿＿＿＿＿＿＿＿＿＿＿＿＿＿＿＿　联系电话：＿＿＿＿＿＿＿＿＿

园地地址：＿＿＿＿＿＿县（市区）＿＿＿＿＿＿乡（镇）＿＿＿＿＿＿村＿＿＿＿＿＿

种植面积：＿＿＿＿＿＿亩　　　　　　　　　　栽培品种：＿＿＿＿＿＿＿＿＿

产品认证：□绿色食品　□地理标志农产品　□有机农产品　□GAP 认证

　　　　　□其他＿＿＿＿＿＿＿＿＿＿＿＿＿＿＿＿＿＿＿

技术人员：＿＿＿＿＿＿＿＿＿　　单位：＿＿＿＿＿＿＿＿＿＿＿＿＿＿

记录日期：＿＿＿＿年＿＿月—＿＿＿＿年＿＿月

表 4　黄桃生产资料采购信息记录

日期	产品名称	主要成分	数量	产品批准登记号	生产单位	经营单位	票据号	预计采摘期	经办人

表 5　黄桃农事操作记录

日期	基地名称	作业面积	农事内容	农业投入品（肥、药等）		天气情况	操作人员
				商品名称	用量		

表6　黄桃农药使用记录

品种名称		种苗来源	
所在地块		栽植时间	
播种时间		采收时间	

农　药

日期	农药名称	每亩用量	使用方法	防治对象	施用人员

表7　黄桃肥料使用记录

品种名称		种苗来源	
所在地块		栽植时间	
播种时间		采收时间	

肥　料

日期	肥料名称	每亩用量	施用方法	作用	施用人员

表8　黄桃质量检测记录

检测日期	产品名称	抽检单位或自检	检测数量	合格数量	合格率	检出情况	备注

表9　黄桃销售情况

销售日期	产品名称	产品规格	生产日期和地点	销售数量	销售价格	销售形式	客户名称	联系人	联系电话

七、产品检测

（一）检测报告

产品销售前，应委托有资质的单位进行产品质量安全检测或自行检测，检测合格后上市销售，并附农产品质量安全合格证。检测报告至少保存 2 年。

（二）食用农产品合格证

1. 试行主体

食用农产品生产企业、农民专业合作社、家庭农场列入试行范围，其农产品上市时要出具合格证。鼓励小农户参与试行。无公害农产品、绿色食品、有机农产品质量认证标识，农产品地理标志，农产品质量安全追溯标签和检验检疫合格证明，视为农产品合格证。

2. 试行品类

蔬菜、水果、畜禽、禽蛋、养殖水产品。

3. 开具方式

种植养殖生产者自行开具，一式两联，一联出具给交易对象，一联留存1年备查。

4. 开具单元

有包装的食用农产品应以包装为单元开具，张贴或悬挂或印刷在包装材料表面。散装食用农产品应以运输车辆或收购批次为单元，实行一车一证或一批一证，随附同车或同批次使用。

食用农产品合格证

食用农产品名称：

数量（重量）：

生产者盖章或签名：

联系方式：

产地：

开具日期：

本承诺对产品质量安全以及合格证真实性负责：

□不使用禁限用农药兽药

□不使用非法添加物

□遵守农药安全间隔期、兽药休药期规定

□销售的食用农产品符合农药兽药残留食品安全国家标准

嘉善县食用农产品合格证

产品名称：姚丰黄桃
数量（重量）：4.6kg
生产者单位：嘉善县展丰黄桃专业合
作社
单位地址：嘉善县姚庄镇展丰村村民
委办公室一楼西 101 室

联系电话：188××××××××
开具日期：2021-07-25

八、产品追溯

　　鼓励应用二维码等现代信息技术和网络技术，建立黄桃电子追溯信息体系。将黄桃生产基地、种植过程、采收时间、包装标识、运输流通、销售等各节点信息互联互通，实现产品从田间到餐桌的全程质量追溯。提倡与合格证一体化的电子追溯码。积极纳入浙江省农产品质量安全追溯平台等有关信息平台，实现产品可视化、可追溯。

九、产品认证

（一）绿色食品

1. 绿色食品定义

绿色食品（green food），是指产自优良生态环境、按照绿色食品标准生产、实行全程质量控制并获得绿色食品标志使用权的安全、优质食用农产品及相关产品。

2. 绿色食品等级

AA 级绿色食品：产地环境质量符合《绿色食品　产地环境质量》（NY/T 391）的要求，遵照绿色食品生产标准生产，生产过程中遵循自然规律和生态学原理，协调种植业和养殖业的平衡，不使用化学合成的肥料、农药、兽药、渔药、添加剂等物质，产品质量符合绿色食品产品标准，经专门机构许可使用绿色食品标志的产品。

A 级绿色食品：产地环境质量符合《绿色食品　产地环境质量》（NY/T 391）的要求，遵照绿色食品生产标准生产，生产过程中遵循自然规律和生态学原理，协调种植业和养殖业的平衡，限量使用限定的化学合成生产资料，产品质量符合绿色食品产品标准，经专门机构许可使用绿色食品标志的产品。

绿底白标志为 A 级绿色食品　　　白底绿标志为 AA 级绿色食品

3. 绿色食品正确标志

绿色食品包装上，一般会显示上方太阳、中心蓓蕾和下方叶片组成的绿色食品标志，企业信息标志代码和"经中国绿色食品发展中心许可使用绿色食品标志"字样 3 部分。需要注意的是，现行的绿色食品标志企业信息码由 12 位组成，不再以 LB（"绿标"拼音的缩写）而是以 GF（绿色食品的英文"green food"的缩写）开头，形式为 GF×××××××××××，前 6 位代表"地区代码"，中间 2 位代表"获证年份"，后 4 位代表"当年获证企业序号"，购买时可通过查看中间 2 位数字所代表的年份是否在 3 年之内来进行挑选。

企业信息码含义：

GF		××××××	××	××××
绿色食品英文 "green food"缩写		地区代码	获证年份	当年获证企业序号

4. 选购绿色食品的"五看"

一看级标：我国绿色食品发展中心将绿色食品定为 A 级和

AA 级两个标准。A 级允许限量使用限定的化学合成物质，而 AA 级则禁止使用。A 级和 AA 级同属绿色食品，除这两个级别的标志外，其他均为冒牌货。

二看标志：绿色食品的标志和标袋上印有"经中国绿色食品发展中心许可使用绿色食品标志"字样。

三看颜色：看标志上标准字体的颜色，A 级绿色食品的标志与标准字体为白色，底色为绿色，防伪标签底色也是绿色，标志编号以单数结尾；AA 级使用的绿色标志与标准字体为绿色，底色为白色，防伪标签底色为蓝色，标志编号的结尾是双数。

四看防伪：部分绿色食品有防伪标志，在荧光下能显现该产品的标准文号和中国绿色食品发展中心负责人的签字。若没有该标志便可能为假冒伪劣产品。

五看标签：除上述绿色食品标志外，绿色食品的标签符合国家食品标签通用标准，如食品名称、厂名、批号、生产日期、保质期等。检验绿色食品标志是否有效，除了看标志自身是否在有效期，还可以进入中国绿色食品网查询标志的真伪。

1 看级标

2 看标志

3 看颜色

5 看标签

4 看防伪

（二）农产品地理标志

按照我国《农产品地理标志管理办法》的定义，农产品地理标志是指标示农产品来源于特定地域，产品品质和相关特征主要取决于自然生态环境和历史人文因素，并以地域名称冠名的特有农产品标志。

获农产品地理标志的黄桃产品（举例）：

浙江省湖州市

浙江省嘉兴市

1 嘉善黄桃
2 妙西黄桃
5 砀山黄桃
4 奉贤黄桃

湖南省株洲市

上海市奉贤区

安徽省宿州市

（三）有机食品

　　根据我国《有机产品认证管理办法》的规定，有机产品（organic products）是指生产、加工和销售符合《有机产品》要求的供人类消费、动物食用的产品。

中国有机产品认证标志

中绿华夏有机产品认证中心（COFCC）

生态环境部有机食品发展中心（OFDC）

（四）良好农业规范（GAP）

GAP 是良好农业规范（good agricultural practice）的简称，是一套针对初级农产品生产的操作标准，关注动物福利、环境保护以及工人的健康、安全和福利。它是农产品质量安全控制的保障体系，主要针对未加工和最简单加工（生的）出售给消费者和加工企业的大多数农产品的种植、采收、清洗、包装和运输过程中常见的污染物危害控制，包含从农场到餐桌的整个食品链的所有步骤。

一级认证标志

二级认证标志

十、投入品管理

（一）农资采购

一看证照。要到经营证照齐全、经营信誉良好的合法农资商店购买。不要从流动商贩或无证经营的农资商店购买。

二看标签。要认真查看产品包装和标签标识上的农药名称、有效成分及含量、农药登记证号、农药生产许可证号或农药生产批准文件号、产品标准号、企业名称及联系方式、生产日期、产品批号、有效期、用途、使用技术和使用方法、毒性等事项，查验产品质量合格证。不要盲目轻信广告宣传和商家推荐。

　　三要索要票据。要向经营者索要销售凭证，并连同产品包装物、标签等妥善保存好，以备出现质量等问题时作为索赔依据。不要接受未注明品种、名称、数量、价格及销售者的字据或收条。

（二）农资存放

农资仓库应避免阳光暴晒、雨淋，保持清洁、干燥、安全，有相应的标识，并配备通风、防潮、防火、防爆、防虫、防鼠、防鸟等设施。

不同种类的农业投入品按产品标签规定的贮存条件，在贮存仓库分类分区存放，有醒目标记，并采用隔离（如墙、隔板）等方式防止交叉污染。尤其是存放农药的地方须上锁。

农资应有专人管理，并有入库、出库、领用以及使用地点记录。

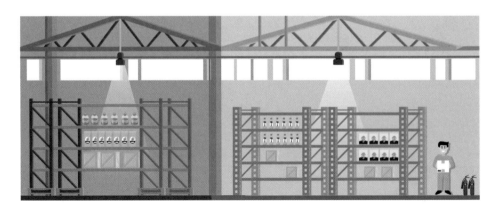

（三）农资使用

遵守投入品使用要求，选择合适的施用器械，适时、适量、科学、合理地使用投入品。

为保障操作者身体安全，特别是预防农药中毒，操作者作业时须穿戴保护装备，如帽子、保护眼罩、口罩、手套、防护服等。

建立和保存农药、肥料和施用器械等使用记录。

基地生产产生的所有垃圾应清理干净，如地膜、棚膜、农资包装等废弃物应及时回收，按国家相关规定处理，不得随意丢弃。

十一、员工管理

根据生产需要配备必要的管理人员、技术人员和生产人员，并建立和保存工作人员的健康档案、相关能力、教育和专业资格、培训等记录。

对所有人员进行农产品质量安全基本知识培训。从事黄桃生产关键岗位的人员（如质检员、配药员、仓库管理员等）应进行专门培训，培训合格后方可上岗。每个黄桃生产区域至少配备1名受过应急培训，并具有应急处理能力的人员。

为从事特种工作的人员（如施用农药等）提供完备、完好的防护装备（包括胶靴、防护服、橡胶手套、面罩等）。

需有专人对岗位人员的健康、安全、福利进行监督和管理，对接触农药产品的人员应进行年度身体检查。每年召开关于员工健康、安全和福利的会议。

制订紧急事故处理程序、防护装备和防护设备的使用维护管理程序，并编制简明易懂的紧急事故应对知识手册。

附　　录

附录 1　农药基本知识

农药分类

杀　虫　剂

主要用来防治农、林、卫生、储粮及畜牧等方面的害虫。

杀　菌　剂

对植物体内的真菌、细菌或病毒等具有杀灭或抑制作用，用以预防或防治作物的各种病害的药剂。

除 草 剂

用来杀灭或控制杂草生长的农药。

植物生长调节剂

人工合成的具有调节植物生长发育的生物或化学制剂。

农药毒性分级及其标识

农药毒性分为剧毒、高毒、中等毒、低毒、微毒 5 个级别。

剧毒　　　　　　高毒　　　　　　中等毒

安全使用农药象形图

象形图应当根据产品实际使用的操作要求和顺序排列，包括贮存象形图、操作象形图、忠告象形图、警告象形图。

贮存象形图	放在儿童接触不到的地方，并加锁
操作象形图	配制液体农药时 ⋯⋯　　配制固体农药时 ⋯⋯　　喷药时 ⋯⋯
忠告象形图	戴手套　　　　戴防护罩　　　戴防毒面具 用药后需清洗　　戴口罩　　　穿胶靴
警告象形图	危险/对家畜有害　　　　危险/对鱼有害，不要污染 湖泊、河流、池塘和小溪

附录 2 黄桃上禁止使用的农药清单

六六六、滴滴涕、毒杀芬、艾氏剂、狄氏剂、除草醚、二溴乙烷、杀虫脒、敌枯双、二溴氯丙烷、汞制剂、砷、铅、氟乙酰胺、毒鼠强、氟乙酸钠、甘氟、毒鼠硅、甲胺磷、甲基对硫磷、对硫磷、久效磷、磷胺、苯线磷、地虫硫磷、甲基硫环磷、磷化钙、磷化镁、磷化锌、硫线磷、蝇毒磷、治螟磷、特丁硫磷、氯磺隆、甲磺隆、胺苯磺隆、福美胂、福美甲胂、百草枯、甲拌磷、甲基异柳磷、内吸磷、灭线磷、硫环磷、氯唑磷、涕灭威、克百威、水胺硫磷、灭多威、氧乐果、乐果、杀扑磷、氟虫腈、氟虫胺、氯化苦、三氯杀螨醇、溴甲烷、丁酰肼（比久）、乙酰甲胺磷、丁硫克百威、林丹、硫丹。

国家新禁用的农药品种自动列入。

附录3　我国黄桃农药最大残留限量

序号	农药通用名	农药英文名	主要用途	作物	限量（mg/kg）
1	2,4-滴和 2,4-滴钠盐	2,4-D and 2,4-D Na	除草剂	核果类水果	0.05
2	阿维菌素	abamectin	杀虫剂	桃	0.03
3	胺苯吡菌酮	fenpyrazamine	杀菌剂	桃	4*
4	胺苯磺隆	ethametsulfuron	除草剂	核果类水果	0.01
5	巴毒磷	crotoxyphos	杀虫剂	核果类水果	0.02*
6	百草枯	paraquat	除草剂	核果类水果	0.01*
7	百菌清	chlorothalonil	除菌剂	桃	0.2
8	保棉磷	azinphos-methyl	杀虫剂	桃	2
9	倍硫磷	fenthion	杀虫剂	核果类水果（樱桃除外）	0.05
10	苯丁锡	fenbutatinoxide	杀螨剂	桃	7
11	苯氟磺胺	dichlofluanid	杀菌剂	桃	5
12	苯菌酮	metrafenone	杀菌剂	桃	0.7*
13	苯醚甲环唑	difenoconazole	杀菌剂	桃	0.5
14	苯嘧磺草胺	saflufenacil	除草剂	核果类水果	0.01*
15	苯线磷	fenamiphos	杀虫剂	核果类水果	0.02
16	吡虫啉	imidacloprid	杀虫剂	桃	0.5

（续）

序号	农药通用名	农药英文名	主要用途	作物	限量（mg/kg）
17	吡氟禾草灵和精吡氟禾草灵	fluazifop and fluazifop – P – butyl	除草剂	核果类水果	0.01
18	吡噻菌胺	penthiopyrad	杀菌剂	核果类水果	4 *
19	吡蚜酮	pymetrozine	杀虫剂	桃	0.5
20	吡唑醚菌酯	pyraclostrobin	杀菌剂	桃	1
21	吡唑萘菌胺	isopyrazam	杀菌剂	核果类水果	0.4 *
22	丙炔氟草胺	flumioxazin	除草剂	核果类水果	0.02
23	丙环唑	propiconazole	杀菌剂	桃	5
24	丙森锌	propineb	杀菌剂	核果类水果（樱桃除外）	7
25	丙酯杀螨醇	chloropropylate	杀虫剂	核果类水果	0.02 *
26	草铵膦	glufosinate – ammonium	除草剂	核果类水果[枣（鲜）除外]	0.15
27	草甘膦	glyphosate	除草剂	核果类水果	0.1
28	草枯醚	chlornitrofen	除草剂	核果类水果	0.01 *
29	草芽畏	2，3，6 – TBA	除草剂	核果类水果	0.01 *
30	虫酰肼	tebufenozide	杀虫剂	桃	0.5
31	除虫脲	diflubenzuron	杀虫剂	桃	0.5
32	春雷霉素	kasugamycin	杀菌剂	桃	1 *
33	代森联	metiram	杀菌剂	桃	5

（续）

序号	农药通用名	农药英文名	主要用途	作物	限量（mg/kg）
34	敌百虫	trichlorfon	杀虫剂	核果类水果［枣（鲜）除外］	0.2
35	敌草快	diquat	除草剂	核果类水果	0.02
36	敌敌畏	dichlorvos	杀虫剂	桃	0.1
37	敌螨普	dinocap	杀菌剂	桃	0.1*
38	地虫硫磷	fonofos	杀虫剂	核果类水果	0.01
39	丁硫克百威	carbosulfan	杀虫剂	核果类水果	0.01
40	啶虫脒	acetamiprid	杀虫剂	核果类水果	2
41	啶酰菌胺	boscalid	杀菌剂	核果类水果	3
42	毒虫畏	chlorfenvinphos	杀虫剂	核果类水果	0.01
43	毒死蜱	chlorpyrifos	杀虫剂	桃	3
44	毒菌酚	hexachlorophene	杀菌剂	核果类水果	0.01*
45	对硫磷	parathion	杀虫剂	核果类水果	0.01
46	多果定	dodine	杀菌剂	桃	5*
47	多菌灵	carbendazim	杀菌剂	桃	2
48	多杀霉素	spinosad	杀虫剂	核果类水果	0.2*
49	二嗪磷	diazinon	杀虫剂	桃	0.2
50	二氰蒽醌	dithianon	杀菌剂	桃	2*
51	二溴磷	naled	杀虫剂	核果类水果	0.01*

（续）

序号	农药通用名	农药英文名	主要用途	作物	限量（mg/kg）
52	粉唑醇	flutriafol	杀菌剂	桃	0.6
53	呋虫胺	dinotefuran	杀虫剂	桃	0.8
54	伏杀硫磷	phosalone	杀虫剂	核果类水果	2
55	氟苯虫酰胺	flubendiamide	杀虫剂	核果类水果	2 *
56	氟吡甲禾灵和高效氟吡甲禾灵	haloxyfop – methyl and haloxyfop – P – methyl	除草剂	核果类水果	0.02 *
57	氟吡菌酰胺	fluopyram	杀菌剂	桃	1 *
58	氟虫腈	fipronil	杀虫剂	核果类水果	0.02
59	氟除草醚	fluoronitrofen	除草剂	核果类水果	0.01 *
60	氟啶虫胺腈	sulfoxaflor	杀虫剂	桃	0.4 *
61	氟啶虫酰胺	flonicamid	杀虫剂	桃	0.7
62	氟氯氰菊酯和高效氟氯氰菊酯	cyfluthrin and beta – cyfluthrin	杀虫剂	桃	0.5
63	氟硅唑	flusilazole	杀菌剂	桃	0.2
64	氟酰脲	novaluron	杀虫剂	核果类水果	7
65	氟唑菌酰胺	fluxapyroxad	杀菌剂	核果类水果	1.5 *
66	咯菌腈	fludioxonil	杀菌剂	核果类水果	5
67	格螨酯	2，4 – dichlorophenyl benzenesulfonate	杀螨剂	核果类水果	0.01 *

（续）

序号	农药通用名	农药英文名	主要用途	作物	限量（mg/kg）
68	庚烯磷	heptenophos	杀虫剂	核果类水果	0.01 *
69	环螨酯	cycloprate	杀螨剂	核果类水果	0.01 *
70	环酰菌胺	fenhexamid	杀菌剂	桃	10 *
71	活化酯	acibenzolar－S－methyl	杀菌剂	桃	0.2
72	甲氨基阿维菌素苯甲酸盐	emamectinbenzoate	杀虫剂	桃	0.03
73	甲胺磷	methamidophos	杀虫剂	核果类水果	0.05
74	甲拌磷	phorate	杀虫剂	核果类水果	0.01
75	甲磺隆	metsulfuron－methyl	除草剂	核果类水果	0.01
76	甲基对硫磷	parathion－methyl	杀虫剂	核果类水果	0.02
77	甲基硫环磷	phosfolan－methyl	杀虫剂	核果类水果	0.03 *
78	甲基异柳磷	isofenphos－methyl	杀虫剂	核果类水果	0.01 *
79	甲氰菊酯	fenpropathrin	杀虫剂	核果类水果（李子除外）	5
80	甲氧虫酰肼	methoxyfenozide	杀虫剂	核果类水果	2
81	甲氧滴滴涕	methoxychlor	杀虫剂	核果类水果	0.01
82	腈苯唑	fenbuconazole	杀菌剂	桃	0.5
83	腈菌唑	myclobutanil	杀菌剂	桃	3
84	久效磷	monocrotophos	杀虫剂	核果类水果	0.03
85	抗蚜威	pirimicarb	杀虫剂	桃	0.5

（续）

序号	农药通用名	农药英文名	主要用途	作物	限量（mg/kg）
86	克百威	carbofuran	杀虫剂	核果类水果	0.02
87	克菌丹	captan	杀菌剂	桃	20
88	乐果	dimethoate	杀虫剂	核果类水果	0.01
89	乐杀螨	binapacryl	杀螨剂、杀菌剂	核果类水果	0.05 *
90	联苯肼酯	bifenazate	杀螨剂	核果类水果	2
91	联苯三唑醇	bitertanol	杀菌剂	桃	1
92	磷胺	phosphamidon	杀虫剂	核果类水果	0.05
93	硫丹	endosulfan	杀虫剂	核果类水果	0.05
94	硫环磷	phosfolan	杀菌剂	核果类水果	0.03
95	硫线磷	cadusafos	杀虫剂	核果类水果	0.02
96	螺虫乙酯	spirotetramat	杀虫剂	核果类水果	2 *
97	螺螨酯	spirodiclofen	杀螨剂	桃	2
98	氯苯甲醚	chloroneb	杀菌剂	核果类水果	0.01
99	氯苯嘧啶醇	fenarimol	杀菌剂	桃	0.5
100	氯虫苯甲酰胺	chlorantraniliprole	杀虫剂	桃	2 *
101	氯氟氰菊酯和高效氯氟氰菊酯	cyhalothrin and lambda – cyhalothrin	杀虫剂	桃	0.5
102	氯磺隆	chlorsulfuron	除草剂	核果类水果	0.01

（续）

序号	农药通用名	农药英文名	主要用途	作物	限量（mg/kg）
103	氯菊酯	permethrin	杀虫剂	核果类水果	2
104	氯氰菊酯和高效氯氰菊酯	cypermethrin and beta – cypermethrin	杀虫剂	桃	1
105	氯酞酸	chlorthal	除草剂	核果类水果	0.01*
106	氯酞酸甲酯	chlorthal – dimethyl	除草剂	核果类水果	0.01
107	氯硝胺	dicloran	杀菌剂	桃	7
108	氯唑磷	isazofos	杀虫剂	核果类水果	0.01
109	马拉硫磷	malathion	杀虫剂	桃	6
110	茅草枯	dalapon	除草剂	核果类水果	0.01*
111	醚菊酯	etofenprox	杀虫剂	桃	0.6
112	嘧菌环胺	cyprodinil	杀菌剂	核果类水果	2
113	嘧菌酯	azoxystrobin	杀菌剂	桃	2
114	嘧霉胺	pyrimethanil	杀菌剂	桃	4
115	灭草环	tridiphane	除草剂	核果类水果	0.05*
116	灭螨醌	acequincyl	杀螨剂	核果类水果	0.01
117	灭多威	methomyl	杀虫剂	核果类水果	0.2
118	灭线磷	ethoprophos	杀线虫剂	核果类水果	0.02
119	灭幼脲	chlorbenzuron	杀虫剂	桃	2
120	灭菌丹	folpet	杀菌剂	核果类水果	0.02

（续）

序号	农药通用名	农药英文名	主要用途	作物	限量（mg/kg）
121	内吸磷	demeton	杀虫剂、杀螨剂	核果类水果	0.02
122	嗪氨灵	triforine	杀菌剂	桃	5 *
123	氰戊菊酯和 S - 氰戊菊酯	fenvalerate and esfenvalerate	杀虫剂	桃	1
124	噻草酮	cycloxydim	除草剂	核果类水果	0.09 *
125	噻虫胺	clothianidin	杀虫剂	核果类水果	0.2
126	噻虫啉	thiacloprid	杀虫剂	核果类水果	0.5
127	噻虫嗪	thiamethoxam	杀虫剂	核果类水果	1
128	噻螨酮	hexythiazox	杀螨剂	核果类水果［枣（鲜）除外］	0.3
129	噻嗪酮	buprofezin	杀虫剂	桃	9
130	噻唑锌	zincthiazole	杀菌剂	桃	1 *
131	三氟硝草醚	fluorodifen	除草剂	核果类水果	0.01 *
132	三氯杀螨醇	dicofol	杀螨剂	核果类水果	0.01
133	杀草强	amitrole	除草剂	核果类水果	0.05
134	杀虫脒	chlordimeform	杀虫剂	核果类水果	0.01
135	杀虫畏	tetrachlorvinphos	杀虫剂	核果类水果	0.01
136	杀螟硫磷	fenitrothion	杀虫剂	核果类水果	0.5

（续）

序号	农药通用名	农药英文名	主要用途	作物	限量（mg/kg）
137	杀扑磷	methidathion	杀虫剂	核果类水果	0.05
138	双甲脒	amitraz	杀螨剂	桃	0.5
139	水胺硫磷	isocarbophos	杀虫剂	核果类水果	0.05
140	四螨嗪	clofentezine	杀螨剂	核果类水果［枣（鲜）除外］	0.5
141	速灭磷	mevinphos	杀虫剂、杀螨剂	核果类水果	0.01
142	特丁硫磷	terbufos	杀虫剂	核果类水果	0.01*
143	特乐酚	dinoterb	除草剂	核果类水果	0.01*
144	涕灭威	aldicarb	杀虫剂	核果类水果	0.02
145	肟菌酯	trifloxystrobin	杀菌剂	核果类水果	3
146	戊菌唑	penconazole	杀菌剂	桃	0.1
147	戊唑醇	tebuconazole	杀菌剂	桃	2
148	戊硝酚	dinosam	杀虫剂、除草剂	核果类水果	0.01*
149	烯虫炔酯	kinoprene	杀虫剂	核果类水果	0.01*
150	烯虫乙酯	hydroprene	杀虫剂	核果类水果	0.01*
151	消螨酚	dinex	杀螨剂、杀虫剂	核果类水果	0.01*

（续）

序号	农药通用名	农药英文名	主要用途	作物	限量（mg/kg）
152	溴甲烷	methylbromide	熏蒸剂	核果类水果	0.02*
153	辛硫磷	phoxim	杀虫剂	核果类水果	0.05
154	溴氰虫酰胺	cyantraniliprole	杀虫剂	桃	1.5*
155	溴氰菊酯	deltamethrin	杀虫剂	桃	0.05
156	亚胺硫磷	phosmet	杀虫剂	桃	10
157	氧乐果	omethoate	杀虫剂	核果类水果	0.02
158	乙基多杀菌素	spinetoram	杀虫剂	桃	0.3*
159	乙酰甲胺磷	acephate	杀虫剂	核果类水果	0.02
160	乙酯杀螨醇	chlorobenzilate	杀螨剂	核果类水果	0.01
161	异菌脲	iprodione	杀菌剂	桃	10
162	抑草蓬	erbon	除草剂	核果类水果	0.05*
163	茚草酮	indanofan	除草剂	核果类水果	0.01*
164	茚虫威	indoxacarb	杀虫剂	核果类水果	1
165	蝇毒磷	coumaphos	杀虫剂	核果类水果	0.05
166	治螟磷	sulfotep	杀虫剂	核果类水果	0.01
167	唑螨酯	fenpyroximate	杀螨剂	核果类水果（樱桃除外）	0.4
168	艾氏剂	aldrin	杀虫剂	核果类水果	0.05
169	滴滴涕	DDT	杀虫剂	核果类水果	0.05
170	狄氏剂	dieldrin	杀虫剂	核果类水果	0.02

（续）

序号	农药通用名	农药英文名	主要用途	作物	限量（mg/kg）
171	毒杀芬	camphechlor	杀虫剂	核果类水果	0.05*
172	六六六	HCH	杀虫剂	核果类水果	0.05
173	氯丹	chlordane	杀虫剂	核果类水果	0.02
174	灭蚁灵	mirex	杀虫剂	核果类水果	0.01
175	七氯	heptachlor	杀虫剂	核果类水果	0.01
176	异狄氏剂	endrin	杀虫剂	核果类水果	0.05

注：引自《食品安全国家标准　食品中农药最大残留限量》（GB 2763—2021）。"＊"表示该限量为临时限量。

参 考 文 献

柏德玟，周慧芬，姚莹，2021. 浙江水果产业发展 70 年 ［J］. 中国南方果树，50（4）：177 - 183.

陈森林，2020. 不同生态区对黄桃品质性状的影响 ［J］. 乡村科技，11（35）：87 - 88.

郝变青，马利平，秦曙，等，2015. 苹果、梨、桃和枣 4 种水果 5 种重金属含量检测与分析 ［J］. 山西农业科学，43（3）：329 - 332 + 336.

姜景魁，阮兆兰，2012. 早熟黄桃新品种锦香的引种表现 ［J］. 现代园艺（9）：15 - 16.

鲁振华，王志强，2020. 早熟黄肉桃新品种——黄金蜜桃 1 号 ［J］. 中国果业信息，37（11）：75.

潘磊，牛良，曾文芳，等，2020. 晚熟黄桃新品种'黄金蜜桃 4 号' ［J］. 园艺学报，47（S2）：2886 - 2887.

司春爱，张国武，李桃，2020. 几个黄桃优良品种 ［J］. 西北园艺（果树）（1）：3 - 6.

袁丽，2021. 嘉善县姚庄镇黄桃多品种高效生产栽培技术 ［J］. 现代农业科技（3）：84 - 85.

张洪礼，马玉华，王宇，等，2019. 锦绣黄桃品质的影响因素及贮藏保鲜技术研究进展［J］. 贵州农业科学，47（7）：91 – 95.

张慧琴，周慧芬，汪末根，等，2019. 浙江省桃产业现状与发展思路［J］. 浙江农业科学，60（1）：1 – 3 + 8.

朱佳满，2004. 优质制罐黄桃品种简介［J］. 河北果树（6）：42 – 43.

图书在版编目（CIP）数据

黄桃全产业链质量安全风险管控手册 / 戴芬，姜遥主编 . —北京：中国农业出版社，2023.11
（特色农产品质量安全管控"一品一策"丛书）
ISBN 978 - 7 - 109 - 30967 - 8

Ⅰ.①黄…　Ⅱ.①姜…②戴…　Ⅲ.①桃 - 果树园艺 - 产业链 - 质量管理 - 安全管理 - 手册　Ⅳ.①S662.1 - 62

中国国家版本馆 CIP 数据核字（2023）第 147422 号

中国农业出版社出版
地址：北京市朝阳区麦子店街 18 号楼
邮编：100125
责任编辑：杨晓改　耿韶磊　　版式设计：杨　婧　　责任校对：张雯婷
印刷：北京缤索印刷有限公司
版次：2023 年 11 月第 1 版　　印次：2023 年 11 月北京第 1 次印刷
发行：新华书店北京发行所
开本：787mm×1092mm　1/24
印张：4　字数：48 千字
定价：48.00 元